Peter Georgi

Zur Entdeckung der ersten ‚Irrationalzahlen' in der griechischen Antike

Anhang: Zur Erzeugung der sogen. Seiten- und Diagonalenzahlen

Peter Georgi

Zur Entdeckung der ersten ‚Irrationalzahlen' in der griechischen Antike

Anhang: Zur Erzeugung der sogen. Seiten- und Diagonalenzahlen

Bibliografische Information der Deutschen Nationalbibliothek:
Die Deutsche Nationalbibliothek verzeichnet diese Publikation in
der Deutschen Nationalbibliografie; detaillierte bibliografische
Daten sind im Internet über dnb.dnb.de abrufbar.

© 2023 Dr. Peter Georgi
Herstellung und Verlag: BoD – Books on Demand, Norderstedt

ISBN: 9 783758 314384

Inhaltsübersicht

§ 1 Einleitung

Zunächst ist zu sagen: die Griechen der Antike kannten keine Irrationalzahlen im modernen Sinne; deswegen wird im Titel der vorliegenden Arbeit, Anführungszeichen gebrauchend, von ‚Irrationalzahlen' gesprochen (dies nur, um den Titel kurz zu halten).

An Zahlen kannten die Griechen in der ‚reinen' Mathematik nur die Zahlen 1, 2, 3 usw. (Deswegen sind, wenn in der vorliegenden Arbeit von Zahlen die Rede ist, immer nur Zahlen der Reihe 1, 2, 3 usw. gemeint.) In der Praxis, beim Handel gab es auch gebrochene Zahlen wie z.B. 2 ⅓ usw. In der ‚reinen' Mathematik aber gab es keine Brüche; an ihrer Stelle traten die Verhältnisse von Zahlen (als besonderen Größen); dabei ist anzumerken, dass in den Euklidischen Elementen (der wesentlichste uns bekannte Part der griechischen Mathematik) nur an einer Stelle etwas näher ausgesagt ist, was ein Verhältnis (λόγος) von Größen sein soll (EE V Def.3).

Was die Griechen erstmals fanden, waren also keine Irrationalzahlen im heutigen Sinne, sondern Streckenverhältnisse, die (modern gesprochen) durch keine Bruchzahl darstellbar sind. So ist z.B. das Verhältnis von Quadratseite σ zu Quadratdiagonale δ (gesehen als Seite des Quadrates, das zweimal so groß wie das Quadrat über σ ist) durch keine Bruchzahl darstellbar. Griechisch gesagt heißt das: σ und δ sind <u>inkommensurabel</u>, was heißt: sie haben kein gemeinsames Streckenmaß, d.h. es gibt keine Strecke μ, sodass sowohl σ als auch δ ein Vielfaches von μ sind; d.h. es gibt keine Zahlen a, b, sodass aμ = σ und bμ = δ ist. Das Verhältnis von σ und δ ist also durch kein geordnetes Paar von Zahlen (a,b) bzw. durch keinen Bruch a/b darstellbar.

Für die ganze Arbeit seien gleich noch zwei weitere <u>Kurzausdrücke</u> eingeführt:
• n sei eine Nichtquadratzahl (n $\neq$ 2^2, 3^2, 4^2, …). Dann steht der Ausdruck ‚$\sqrt{n}$'(einschließlich der Anführungszeichen) für: die Seite eines vorgegebenen Quadrates und die Seite des n-fach so großen Quadrates sind inkommensurabel.
• α sei eine Strecke. Dann steht der Ausdruck α^2 für: das Quadrat über/von α.

Die <u>wesentliche</u> Frage ist: Anhand welcher geometrischer Figurationen und in welcher Weise haben die Griechen erstmals inkommensurable Strecken gefunden?

Die Quellenlage (Platon, Aristoteles, Euklid) spricht ziemlich eindeutig dafür, dass in der Tat zuerst Quadratseite und -diagonale als inkommensurabel erkannt wurden.[1] Es besteht aber auch die Ansicht, bei eigentlich sehr schwacher Quellenlage, dass zuerst Fünfeckseite und -diagonale als inkommensurabel erkannt wurden.[2]

§ 2 Der früheste überlieferte Beweis von ‚√2'

Ein erster Beweis für die Inkommensurabilität zweier Strecken ist erst in den EE als Nachtrag zum X. Buch zu finden; dort wird die Inkommensurabilität von Quadratseite und -diagonale bewiesen.

Im folgenden der Beweis in freier Wiedergabe:

Behauptung: Die Seite σ und die Diagonale δ eines Quadrates sind inkommensurabel.

Annahme: σ und δ sind kommensurabel.

Dann verhält sich σ zu δ wie eine Zahl s zu einer Zahl d.

s und d seien dabei die kleinsten Zahlen, die hierbei möglich sind. s und d sind dann zueinander teilerfremd. Daraus folgt: s und d sind nicht zugleich gerade,[3] anderenfalls würde die Zwei beide Zahlen messen.

δ^2 ist zweimal so groß wie σ^2, und δ^2 verhält sich zu σ^2 so, wie sich d^2 zu s^2 verhält. Daraus folgt: $d^2 = 2 \cdot s^2$.

d^2 ist also gerade. Dann ist auch d gerade. Wäre nämlich d ungerade, so müsste auch d^2 ungerade sein.

---

[1] Genannt seien: (1) Platon: Menon 83e, Staat 510d, Theaitetos 148a-b. Die Platon-Stellen sind eher nur andeutend. Im Menon wird ‚√2' angedeutet durch die Worte: Wenn Du nicht zählen (zählend messen) willst, so zeige, aus welcher Strecke das zweifach so große Quadrat entsteht. Im Staat wird, allgemein bleibend, vom Beweisführen in Ansehung des Quadrates an sich und der Diagonalen an sich gesprochen; welches Beweisführen gemeint ist, wird als selbstverständlich angenommen. Im Theaitetos wird von ‚√3', ‚√5' usw. gesprochen, aber offenbar als selbstverständlicher Fall nicht von ‚√2'. (2) Aristoteles: Erste Analytik 41a26-7, 46b28-32, 50a37-8, Metaphysik 983a12-20. Nach dem Index von Bonitz 1870 (Stichwort: ἡ διάμετρος τῇ πλευρᾷ ἀσύμμετρος, p.185, l.7-16) wird in Aristoteles' Schriften 26mal auf die Inkommensurabiltät von Quadratseite und -diagonale Bezug genommen. Aristoteles' jeweils kurze Anspielung auf den Sachverhalt macht deutlich, dass er schon ‚klassisch' genug war, um auf ihn einfach verweisen zu können.

[2] Siehe hierzu Georgi 1989 p.12-4, 19-32.

[3] Eine Zahl ist gerade, wenn sie in zwei gleiche Teile zerlegt werden kann. Siehe EE VII Def.6.

E sei also $d = 2 \cdot d_1$. Dann ist $d^2 = 4 \cdot d_1^2$. Da d^2 auch $= 2 \cdot s^2$ ist, ist $4 \cdot d_1^2 = 2 \cdot s^2$ und $2 \cdot d_1^2 = s^2$. s muss also, wie oben d, gerade sein. Andererseits muss s ungerade sein, da ja s und d nicht zugleich gerade sind und d gerade ist. s ist also zugleich gerade und ungerade. Widerspruch.

Daraus folgt: σ und δ sind inkommensurabel (haben kein gemeinsames Streckenmaß).

Gemessen an den EE ist der Beweis ziemlich voraussetzungsreich. Gibt man nach ihnen seine Voraussetzungen an, hat man folgende Liste von Sätzen inklusive einer Definition (in der Reihenfolge ihrer Verwendung): X 5, VII 33, 22, Def.6, I 47, X 9, IX 23,[4] wobei die angegebenen Sätze, bis auf IX 23, ebenfalls voraussetzungsreich sind.

Zur Stellung des Satzes mit Beweis als tradierender Nachtrag am Ende des X. Buches der EE sei erwähnt: „ … am Ende eines ‚Buchs' eines antiken Schriftstellers stehen häufig Nachträge, die aus technischen Gründen dort am Rollenende am bequemsten Platz fanden. Solche Fälle gibt es in den metaphyischen Pragmatien des Aristoteles und auch sonst. Ja in den Elementen selbst findet sich ein weiteres Beispiel in dem letzten … Satz des X. Buchs … Die modernen Herausgeber (so schon E.F. August 1829 und später Heiberg) haben mit dem Satz nichts anzufangen gewußt und ihn daher aus dem Text entfernt, ein Verfahren, das nur dann berechtigt ist, wenn hinzugefügt wird, daß es sich hier um sehr altes, bei weitem voreuklidisches Gut handelt … ."[5]

§ 3 Eine Entdeckungsmöglichkeit von ‚$\sqrt{2}$'

Wie kam man dazu, zu untersuchen, ob die Seite und Diagonale eines Quadrates kommensurabel sind oder nicht, ob sie ein gemeinsames Streckenmaß haben oder nicht?

---

[4] Zur Liste vgl. Thaer 1933-7 reprint p.313-4, wobei Thaer nicht X 9 angibt, sondern VI 20 Zusatz und VIII 11, die beide in X 9 eingehen.

[5] Becker 1934 reprint p.125-6. Zu „ein weiteres Beispiel": Zuvor erwähnt Becker die Sätze der Lehre vom Geraden und Ungeraden, IX 21-34, in diesem Zusammenhang. Der Satz mit Beweis ist von August als auch von Heiberg in einen Appendix verwiesen; vgl. Heath 1925 reprint vol.3 p.2.

Einen wesentlichen Hinweis hierzu kann die berühmte Geometrielektion in Platons Dialog Menon (82a-5e) geben, die im Rahmen von Platons Anamnesislehre zu sehen ist.[6] Sie zeigt, wie ein ‚Unwissender' – ein (junger) Untergebener Menons –, indem er sich durch Sokrates' Fragen angeleitet nur ‚erinnert', schließlich doch ein Quadrat zu verdoppeln weiß.

Zu Anfang weist Sokrates auf ein gezeichnetes Quadrat, das in vier Teilquadrate unterteilt ist, und fragt, ob dieses auch größer bzw. kleiner gedacht werden kann. Nachdem dies für gewiss gilt, fragt Sokrates weiter, ob sich zu dem gegebenen Quadrat nicht ein doppelt so großes herstellen lässt. Das gegebene Quadrat hat eine Seitenlänge von zwei Einheiten. Der Untergebene probiert, wieviele Einheiten die Seite des doppelt so großen Quadrates haben ‚muss': eine verdoppelte Seitenlänge von vier Einheiten ergibt ein Quadrat mit 16 Einheitsquadraten, eine dazwischenliegende Seitenlänge von drei Einheiten ergibt ein Quadrat mit 9 Einheitsquadraten. Schließlich bekommt er den ‚sokratischen' Hinweis, die Größe des Quadrates zu bestimmen, dessen Eckpunkte die Seiten des großen Quadrates halbieren und das mit einer Seite eine Diagonale des vorgebenen Quadrates bildet. Siehe Figur 1.

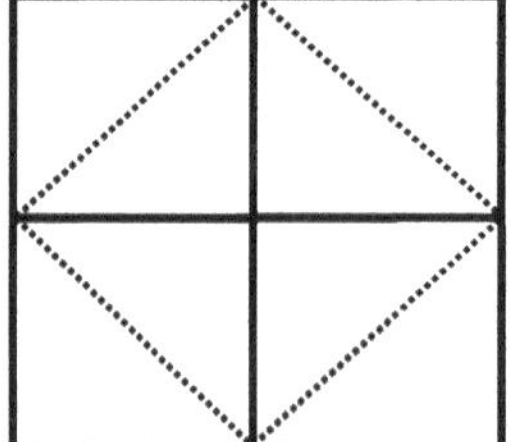

Figur 1

---

⁶ Anhand der Geometrielektion will Platon zeigen, wie jedes Lernen, Wissendwerden nur ein Sicherinnern an vorgeburtlich geschautes Wissen ist.

Im Verlauf von spielerisch-untersuchenden Quadratunterteilungen, wie sie ziemlich sicher auch oben referierter Menon-Szene zugrunde liegen, hat sich höchstwahrscheinlich folgende Frage ergeben, man betrachte dazu die folgende Figur 2:

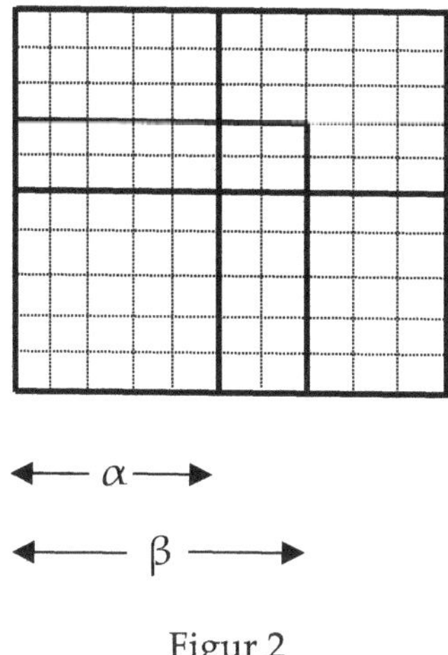

Figur 2

Lässt sich die Quadratseite α nicht so unterteilen, dass sich, in Fortsetzung der Unterteilung auf die Quadratseite 2α, eine zwischen α und 2α liegende unterteilungskonforme Strecke β ergibt, sodass das β^2 genau zweimal so viele Einheitsquadrate hat (zweimal so groß ist) wie α^2 und $(2\alpha)^2$ genau zweimal so viele EQe hat (zweimal so groß ist) wie β^2 ?
Bei konkret vorgenommenen Unterteilungen von α bzw. 2α zeigt sich jeweils: es ergibt sich keine solche unterteilungskonforme Zwischenstrecke β – wenn auch sich zeigt: je feiner die Unterteilung von α bzw. 2α, desto weniger weichen Zwischenquadrate β^2 von der Forderung ab: β^2 sei genau zweimal so groß wie α^2, und $(2\alpha)^2$ sei genau zweimal so groß wie β^2. So erhebt sich der ‚dringende' Verdacht: möglicherweise kann es gar kein solches Zwischenquadrat geben. Würde also die <u>Annahme</u> eines solchen Zwischenquadrates zu einem Widerspruch führen?

Zur Beantwortung dieser Frage sei – anhand von Figur 2 – zunächst auf eine ganz einfache, aber grundlegende Beobachtung verwiesen. Man betrachte in Figur 2 die Folge der anwachsenden Quadrate ‚um die Diagonale':

Das 1. Quadrat besteht aus einem EQ, das 2. aus dem 1. Quadrat + einem Winkel von 3 EQen, das 3. aus dem 2. Quadrat + einem Winkel von 5 EQen usw. Dieses Anwachsen der Quadrate lässt das Folgende beobachten, dabei sei μ die Einheitsstrecke: (a) ein Quadrat, dessen Seite kein Vielfaches von 2μ ist (z.B. das EQ), hat eine ungerade Anzahl von EQen. (b) ein Quadrat, dessen Seite ein Vielfaches von 2μ ist, hat eine gerade Anzahl von EQen. (a) und (b) zu einer Äquivalenz zusammengefasst, wobei Q ein Quadrat ‚um die Diagonale' ist:

(*) Q hat eine gerade Anzahl von EQen $\leftrightarrow$ die Seite von Q ist ein Vielfaches von 2μ.

Kern dieser Beobachtung ist offensichtlich die Beobachtung: ein Quadrat mit einer ungeraden Anzahl von EQen + einem Winkel von EQen (der immer eine ungerade Anzahl von EQen hat) ergibt ein Quadrat mit einer geraden Anzahl von EQen; und ein Quadrat mit einer geraden Anzahl von EQen + einem Winkel von EQen ergibt ein Quadrat mit einer ungeraden Anzahl von EQen.

Es sei nun (bei Betrachtung von Figur 2) <u>angenommen</u>: Eine Strecke μ misst α und es gibt ein Vielfaches β von μ mit $\alpha < \beta < 2\alpha$ (μ ist also gemeinsames Maß von α und β), sodass β^2 zweimal so viele μ^2 hat wie α^2 und $(2\alpha)^2$ zweimal so viele μ^2 hat wie β^2. Wegen (*) ist dann sowohl β als auch 2α ein Vielfaches von 2μ. Die Strecke $\nu := 2\mu$ ist also gemeinsames Maß von β und 2α. $(2\alpha)^2$ hat gemäß Annahme zweimal so viele μ^2 wie β^2. Dann lassen sich die μ^2 von $(2\alpha)^2$ zweimal so oft zu ν^2 zusammenfassen, wie oft die μ^2 von β^2 sich zu ν^2 zusammenfassen lassen. $(2\alpha)^2$ hat also zweimal so viele ν^2 wie β^2. 2α ist dann mit (*) ein Vielfaches von 2ν, d.h. für eine Zahl z hat man: $z(2\nu) = 2\alpha$. Nun ist (Kommutativitätsgesetz, siehe p.13) $z(2\nu) = 2(z\nu)$. Dann ist $2(z\nu) = 2\alpha$ und $\alpha = z\nu$, d.h. ein Vielfaches von ν. ν ist also Vielfaches von allen drei Strecken α, β und 2α. Analog zu vorhin mit $(2\alpha)^2$ und β^2 hat β^2 zweimal so viele ν^2 wie α^2. Man hat also mit ν (= 2μ) wieder die Situation der Annahme: es gibt ein gemeinsames Maß ν von α und ein Vielfaches β von ν mit $\alpha < \beta < 2\alpha$, sodass β^2 zweimal so viele ν^2 hat wie α^2, und $(2\alpha)^2$ zweimal so viele ν^2 hat wie β^2. Die von der Annahme ausgehend bis jetzt angestellte Überlegung kann also erneut durchgeführt werden – usw. ohne Abbruch.

Es ergibt sich so eine Folge $2^n \cdot \mu$ (n = 1, 2, 3, …) von Maßen, wobei $2^n \cdot \mu < \beta$ und $< 2\alpha$ und $\leq \alpha$ ist. Dies verstößt gegen das Prinzip, dass eine beliebige Strecke genügend oft vervielfacht eine beliebige andere Strecke übertrifft. (Dieses Prinzip wird Eudoxisches oder Archimedisches Axiom genannt.) Oben gemachte <u>Annahme</u> führt also zu einem Widerspruch, ist also nicht haltbar. Somit gilt (in zum Teil neuer Formulierung): Es kann keine Unterteilung α in Strecken μ geben, sodass für eine unterteilungskonforme Strecke β das Quadrat β^2 im Sinne eines geometrischen Mittels genau zwischen den Quadraten α^2 und $(2\alpha)^2$ liegt.

Vorhin wurde ein Kommutativitätsgesetz verwendet: $z(2v) = 2(zv)$. Verallgemeinert: Für zwei Zahlen a, b und eine Größe(neinheit) E hat man: $a(bE) = b(aE)$.

Sicher galt lange vor einer (axiomatischen) Systematisierung des arithmetischen Wissens in Form von Elementen (Hippokrates, Leon, Theudios, Euklid) Kommutativität als Basissachverhalt: Legt man mit Rechensteinen (ψῆφοι) als konkreten Einheiten das Produkt a · b zu einem konkreten Rechteck aus, so ,sieht' man sofort, dass a · b = b · a ist. Wohl erst durch ,Linearisierung' der Zahlen und des Operierens mit diesen linearisierten Zahlen (z.B. im Falle des Addierens veranschaulicht durch Hintereinanderanlegen gezeichneter Strecken) wurde Kommutativität ein beweisbedürftiger Sachverhalt. In Buch VII, dem ersten der drei arithmetischen Bücher der EE, wird in Satz 16 das Kommutativitätsgesetz ausgesprochen: Für zwei Zahlen a, b hat man: a · b = b · a . Der Beweis von Satz 16 basiert aber letztlich <u>alleine</u> auf Satz 5, der unbewiesen, also Axiom ist.[7]

In Figur 2 sei nun das Diagonalenquadrat (siehe Figur 1) ,hineingesehen'. Seine Seite sei mit „γ" bezeichnet. γ^2 ist offenbar zweimal so groß wie α^2, denn die vier Teildreiecke von γ^2 ergeben zwei Quadrate, die gleich groß wie α^2 sind, bzw. ergeben das Rechteck α x 2α. Die Strecke γ, sodass γ^2 zweimal so groß wie α^2 ist, kann man auch durch elementares Quadrieren des Rechtecks α x 2α erhalten (siehe hierzu p.18-20) oder auch durch Anwendung des Pythagoras-Satzes (siehe Figur 1).

γ^2 kann nun keinem β^2, wo β eine unterteilungskonforme Strecke mit $\alpha < \beta < 2\alpha$ ist, gleich sein. Annahme, es gäbe eine solche Strecke β, sodass $\beta^2 = \gamma^2$ ist. Dann ist β^2 auch = α x 2α ($\beta^2 = \gamma^2 = \alpha$ x 2α). α x 2α hat nun zweimal so viele EQe wie α^2, aber β^2 nicht zweimal so viele EQe wie α^2 (siehe oben). Dann müssen α x 2α und β^2 verschieden sein.[8] Widerspruch zur Annahme.

γ ist also verschieden von jeder unterteilungskonformen Strecke β mit $\alpha < \beta < 2\alpha$ (denn wäre eine solche Strecke $\beta = \gamma$, wäre $\beta^2 = \gamma^2$, was ja zum Widerspruch führt). Die Unterteilung von α bzw. 2α wurde als beliebige angenommen. Dann sind α und γ inkommensurabel.

---

[7] Man analysiere die Beweiskette Buch VII Satz 5 – Satz 12 – Satz 15 – Satz 16.

[8] Dies gemäß dem <u>Prinzip</u>: Zwei Rechtecke A, B seien aus den gleichen EQen zusammengesetzt; ist die Anzahl der EQe von A ≠ von der Anzahl der EQe von B, so sind A und B verschieden groß.

Ersichtlich ist die dargestellte Einsicht, dass die Seite eines vorgegebenen Quadrates und die des doppelt so großen (= die Diagonale des vorgegebenen Quadrates) inkommensurabel sind, mit sehr elementaren Betrachtungen/Überlegungen erfolgt. Womit gut vorstellbar ist, dass sie in der Entwicklung der griechischen Mathematik schon ziemlich früh tatsächlich erfolgt ist, insbesondere, wenn man die Motivierung – im Sinne der Menon-Szene – berücksichtigt, zu einem Quadrat durch ‚gleichmässiges' Anwachsenlassen seiner Seiten nicht nur das vierfach so große finden zu wollen, sondern auch das nur zweifach so große.

§ 4 Eine Entdeckungsmöglichkeit von ‚$\sqrt{3}$' ,$\sqrt{5}$' … ,$\sqrt{15}$' ,$\sqrt{17}$' bei jeweils individueller Betrachtung

Im folgenden sei Q_1 ein vorgegebenes Quadrat und Q_n ($n = 1, 2, 3, \ldots$) das Quadrat, das n-mal so groß wie Q_1 ist. σ_n sei die Seite von Q_n.

Im Dialog Theaitetos (147d-8b) wird von Theaitetos berichtet (in freier Wiedergabe), dass Theodoros für die Fälle n = 3, 5, 6, 7, 8, 10, 11, 12, 13, 14, 15, 17 gezeigt hat, dass σ_n mit σ_1 inkommensurabel ist. Kurz darauf sagt Theaitetos dies (in einem umfassenderen Satz) für alle Fälle n, wo n eine Nichtquadratzahl ist, aus.

Vielfach wurde die Theaitetos-Stelle so gedeutet, dass Theodoros einzeln und jeweils verschieden für die Fälle n = 3, 5, …, 15, 17 gezeigt hat, dass σ_n mit σ_1 inkommensurabel ist und Theaitetos in allgemeiner Form zeigen konnte, dass für jede Nichtquadratzahl n σ_n mit σ_1 inkommensurabel ist.[9]

Es wurden die verschiedensten Vorschläge gemacht, wie Theodoros vorgegangen sein könnte.[10] Im folgenden ebenfalls ein Vorschlag dazu, der m.E. hohe Plausibilität hat. Dabei wird eng daran angeknüpft, wie wohl gemäß § 3 erstmals gefunden worden ist, dass σ_2 mit σ_1 inkommensurabel ist.

Wenn die Erstentdeckung inkommensurabler Strecken so wie in § 3 dargestellt erfolgt ist, wird sich wohl umgehend die Frage gestellt haben, ob nicht auch <u>in möglichst gleicher Weise</u> gezeigt werden kann, dass ein Quadrat durch Verlängern seiner Seite um gleiche Teile derselben, <u>nicht</u> verdreifacht, verfünffacht, versechsfacht usw. werden kann.

---

[9] Näheres zur Theaitetos-Stelle siehe Georgi 2023 § 1-5.

[10] Siehe z.B. Waerden 1966 p.238-40, Knorr 1975 p.181-93.

Betrachten wir zur Beantwortung dieser Frage den Versuch – analog der Menon-Szene – ein gegebenes Quadrat Q_1 durch Verlängern seiner Seite um gleiche Teile derselben zu einem Quadrat Q_z zu verdreifachen. Zunächst ergibt das Verdreifachen der Quadratseite σ_1 ein Quadrat Q_9, das neunmal so groß ist wie Q_1. Durch gleichmäßiges Unterteilen der Quadratseiten σ_1 bzw. σ_9 ergeben sich dann Zwischenquadrate von Q_1 und Q_9; es ergibt sich also eine Figur ganz analog zu Figur 2:

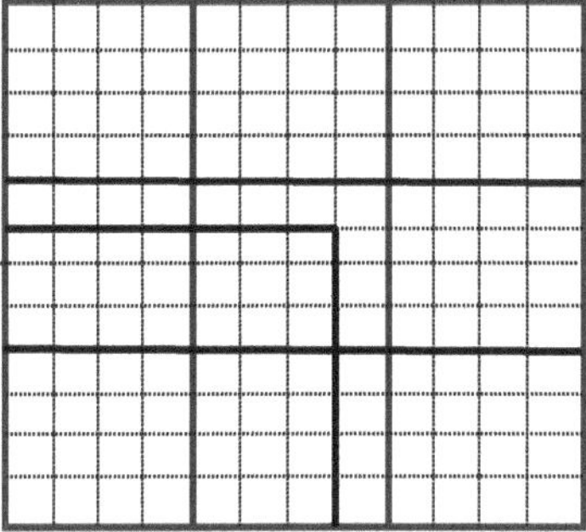

Figur 3

Frage ist nun, kann es ein Zwischenquadrat Q_z geben, sodass Q_z genau dreimal so viele EQe wie Q_1 hat, und Q_9 genau dreimal so viele EQe wie Q_z?

Zur Beantwortung der Frage sei zunächst daran erinnert: In § 3 wurden ja bei einem Quadratgitter bei den um die Diagonale des Gitters liegenden Quadrate Q die folgende Korrespondenz festgestellt: die Anzahl der EQe von Q ist gerade ↔ die Anzahl der Einheitsstrecken der Seite von Q ist durch 2 teilbar.

Ließe sich nun bei einem Quadratgitter bei den um die Diagonale des Gitters liegenden Quadrate Q die entsprechende Korrespondenz feststellen:

(*) die Anzahl der EQe von Q ist in 3 gleiche Teile zerlegbar ↔ die Anzahl der Einheitsstrecken der Seite von Q ist durch 3 teilbar,

so ließe sich bei obiger Frage offenbar genauso argumentieren wie in § 3 beim Aufzeigen, dass ein Quadrat nicht durch Verlängern seiner Seite um Teile derselben verdoppelt werden kann.

Offenbar kann auch, wenn (*) gilt, bei der Frage, ob Q_3 einem Zwischenquadrat von Q_1 und Q_9 gleich sein kann, genauso argumentiert werden wie bei der entsprechenden Frage in § 3, ob Q_2 einem Zwischenquadrat von Q_1 und Q_4 gleich sein kann; hierbei ist nur zu beachten, dass σ_3 durch Quadrieren des Rechtecks $\sigma_1 \times 3\sigma_1$ zu gewinnen ist (so wie ja schon σ_2 durch Quadrieren des Rechtecks $\sigma_1 \times 2\sigma_1$ gewonnen werden kann) oder durch wiederholte Anwendung des Pythagoras-Satzes (man bilde zuerst das rechtwinklige Dreieck mit den Katheten σ_1, seine Hypotenuse ist σ_2; nun bilde man das rechtwinklige Dreieck mit den Katheten σ_1 und σ_2, seine Hypotenuse ist σ_3).

Zusammenfassend: dass σ_3 inkommensurabel mit σ_1 ist, kann, wenn die Korrespondenz (*) gilt, _völlig analog_ bewiesen werden zur Tatsache, dass σ_2 inkommensurabel mit σ_1 ist.

Um zu klären, ob die Korrespondenz (*) tatsächlich gegeben ist, betrachten wir die folgende Figur 4, die den schrittweisen Prozess der Vergrößerung eines Quadrates, dessen Seiten ein Vielfaches von 3 Einheiten sind, zu dem nächstgrößerem ebensolchen Quadrat zeigt.

Man erkennt sofort: Die Quadrate (b) und (c) sind kein Vielfaches von drei Einheitsquadraten, da der Zuwachs (als Winkel = Gnomon) gegenüber dem Quadrat (a) kein Vielfaches von 3 EQen ist. Zwar sind die Gnomonseiten jeweils ein Vielfaches

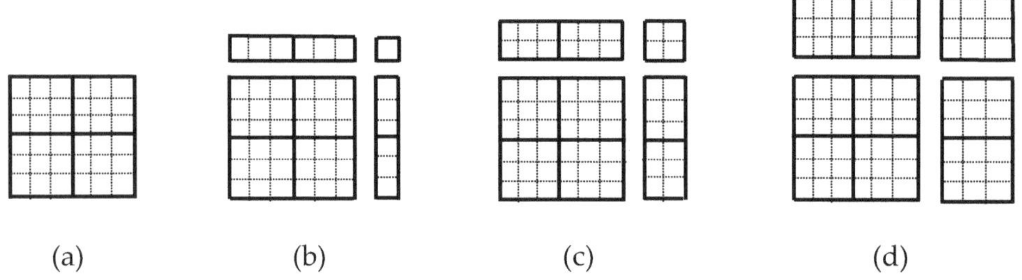

$$(a) \qquad (b) \qquad (c) \qquad (d)$$

Figur 4

von 3 EQen, nicht aber die Gnomonecke. Erst beim Quadrat (d) ist auch die Gnomonecke ein Vielfaches von 3 EQen und damit auch der ganze Gnomon und also auch das ganze Quadrat (d).

Bei einem Quadratgitter hat man also für die um seine Diagonale liegenden Quadrate Q: die Anzahl der EQe von Q ist durch 3 teilbar $\leftrightarrow$ die Anzahl der Einheitsstrecken der Seite von Q ist durch 3 teilbar.

Nun hat man auch (Kommutativitätsgesetz, siehe § 3, p.13): die Anzahl der EQe von Q ist in 3 gleiche Teile zerlegbar $\leftrightarrow$ die Anzahl der EQe von Q ist durch 3 teilbar.

Man hat also, die beiden Äquivalenzen zusammenfassend, für die um die Diagonale liegenden Quadrate Q eines Quadratgitters die gewünschte Korrespondenz: (*) die Anzahl der EQe von Q ist in 3 gleiche Teile zerlegbar $\leftrightarrow$ die Anzahl der Einheitsstrecken der Seite von Q ist durch 3 teilbar.

Ganz in derselben Weise kann die (*) entsprechende Korrespondenz auch für die Quadrate mit den folgenden, durch Unterstreichung angezeigten Flächeninhalten gezeigt werden:

4 <u>5</u> <u>6</u> <u>7</u> 8 9 <u>10</u> <u>11</u> 12 <u>13</u> <u>14</u> <u>15</u> 16 <u>17</u> 18

Damit kann auch <u>völlig analog</u> zum Fall 3 bzw. 2 gezeigt werden, dass in diesen Fällen das Vervielfachen eines Quadrates durch Verlängern seiner Seite um Teile derselben <u>nicht</u> möglich ist und somit in diesen Fällen σ_n mit σ_1 inkommensurabel ist.

Für die Fälle 8, 12, 18 gibt es keine zu (*) analoge Korrespondenz. Dennoch lässt sich auch in diesen Fällen recht einfach, aber jeweils etwas anders, zeigen, dass σ_n mit σ_1 inkommensurabel ist. Hätten z.B. σ_8 und σ_1 ein gemeinsames Maß μ, so hätte Q_8 achtmal so viele μ^2 wie Q_1 (dies wegen $Q_8 = \sigma_1 \times 8\sigma_1$ und dem Prinzip von n.8, wonach bei zwei Rechtecken A, B, die aus den gleichen EQen zusammengesetzt sind, aus A = B folgt, dass die Anzahl der EQe von A = der Anzahl der EQe von B ist). Die Anzahl der μ^2 von Q_8 wäre also gerade; damit ist nach (*) von § 3 σ_8 ein Vielfaches von 2μ, d.h. für eine Zahl z hat man: $z(2\mu) = \sigma_8$. Nun ist (Kommutativitätsgesetz, siehe § 3, p.13) $z(2\mu) = 2(z\mu)$. Dann ist $\sigma_8 = 2(z\mu)$. Nun ist offensichtlich $\sigma_8/2 = \sigma_2$. Man erhält also: $\sigma_2 = \sigma_8/2 = z\mu$. μ misst aber auch σ_1. σ_2 und σ_1 hätten dann das gemeinsame Maß μ. Widerspruch (σ_2 und σ_1 sind ja inkommensurabel). Also müssen σ_8 und σ_1 inkommensurabel sein. Ganz ähnlich kann (Übungsaufgabe) gezeigt werden: σ_{12} und σ_{18} sind inkommensurabel mit σ_1.

So ist nun gut vorstellbar, dass Theodoros (ob tatsächlich oder nur fiktiv in der mathematischen Lektion, von der Theaitetos in 147d-8b berichtet) in der bis jetzt dargestellten Weise für die Fälle n = 3, 5, 6, 7, 8, 10, 11, 12, 13, 14, 15, 17 einzeln und jeweils verschieden (wenn auch mit einer gewissen Gleichförmigkeit) gezeigt hat, dass σ_n und σ_1 inkommensurabel sind und dass diese nach den Strecken σ_2, σ_1 die nächstgefundenen inkommensurablen Strecken sind.

Hardy/Wright (1954 p.41-3) bemerken im Kontext damit, wie ihrer (nur teilweise ausgeführten) Meinung nach die Theodorische Beweisreihe mit ziemlicher Wahrscheinlichkeit ausgesehen haben muss („he must have argued much as we argued"), dass etwa der Schluss „wenn: 5 teilt z^2, dann: 5 teilt z" (wobei z eine beliebige Zahl sei), der im Sinne von Figur 4 in kontraponierter Form gezeigt werden kann, ohne den Euklidischen Satz „teilt eine Primzahl das Produkt zweier Zahlen, so teilt sie bereits einen Faktor" (EE VII 30) beweisbar ist; sie gehen i.w. im Sinne von Figur 4, dabei aber rein rechnerisch vor. Und Knorr (1975 p.113, n.19 auf p.127-8), der sich auf Hardy/Wright bezieht, zeigt den Schluss „wenn nicht: 7 teilt z, dann nicht: 7 teilt z^2" auch anschaulich im Sinne von Figur 4 auf. (Meine Ansicht, wie wohl die Theodorische Beweisreihe ausgesehen hat, hat sich <u>nicht</u> in Orientierung an Hardy/ Wright bzw. Knorr ergeben, deren Darstellung war mir zunächst nicht bekannt, aber sie greift gleichsam die Schlussweise von Hardy/Wright in der anschaulichen Formulierung von Knorr auf.) Weder Hardy/Wright noch Knorr vermerken aber, dass der Schluss „wenn nicht: n teilt z, dann nicht: n teilt z^2" nicht nur für die Primzahlen (n), sondern auch für die Nichtprimzahlen (n) 6, 10, 14, 15 der Theodorischen Beweisreihe im Sinne von Figur 4 aufgezeigt werden kann.

§ 5 Eine Entdeckungsmöglichkeit von ‚√n', wo n allgemein Nichtquadratzahl ist

Sie geht aus von der elementaren Konstruktion des Quadrierens (τετραγονίζειν) eines Rechteckes, d.h. von der Konstruktion eines Quadrates, das die gleiche Fläche hat wie ein vorgegebenes Rechteck.

Unter dem Problem des Quadrierens verstand man die Aufgabe (πρόβλημα), ein Quadrat zu konstruieren, das die gleiche Fläche hat wie eine vorgegebene Fläche, z.B. eine Rechteck-, Vieleck-, hippokratische Möndchen- oder Kreisfläche. Frage war, v.a. beim Problem der Kreisquadratur, ob neben Lineal und Zirkel noch andere Konstruktionsmittel zugelassen werden sollen. Zu unterscheiden ist wohl zwischen einer praktischen, von einer Person ausgeführten Konstruktion in der Wahrnehmungswelt und einer idealen Konstruktion (bei letzterer wohl wird von Linien (Strecken, Kurven) gesagt, dass sie Flächen quadrieren). Das Wesentliche beim Problem des Quadrierens ist, die Seite des gewünschten Quadrates zu konstruieren/finden; wie man schließlich über einer Strecke ein Quadrat errichtet, war sicher schon lange vor Euklid (siehe EE I 46) bekannte Konstruktion.

Zu Platons Zeit war die Rede vom Quadrieren bzw. von Quadratur (τετραγωνισμός) eine schon geläufige Sache. So spricht auch Platon vom τετραγωνίζειν im Sinne von etwas Geläufigem (Staat 527a).[11] Topthema der Geometrie schon vor Platons Zeit war die Aufgabe, einen Kreis zu quadrieren, d.h. ein ihm flächengleiches Quadrat zu konstruieren. Sozusagen Teilerfolge bei dieser Aufgabe waren die Quadraturen der sogenannten Möndchen von Hippokrates von Chios, der ca. 450-30 in Athen gewirkt hat (Platon ist 428/7 geboren). Wie populär das Problem der Kreisquadratur war, zeigt seine Erwähnung in der 414 uraufgeführten Komödie „Vögel" von Aristophanes. Und das Quadrieren in seiner einfachsten Form, nämlich das Quadrieren eines Rechtecks, findet sich bei Aristoteles (Metaphysik 996b20-1) erwähnt.

In der Theaitetos-Stelle 147d-8b (vgl. p.14) ist wesentlich vom Quadrieren der Nichtquadratzahlen die Rede. Mit diesem Quadrieren ist das der Zahlenrechtecke $\varepsilon \times 2\varepsilon$, $\varepsilon \times 3\varepsilon$, $\varepsilon \times 5\varepsilon$ usw. (ε ist die Einheitsstrecke) gemeint. Beim Quadrieren eines Rechteckes (mit den Seiten α und β) wird essentiell ein gewisses rechtwinkliges Dreieck konstruiert (siehe Figur 5, p.20).

Im folgenden sei ein Beweis für die Inkommensurabilität der Strecken, welche eine Nichtquadratzahl quadrieren, mit der Einheitsstrecke dargestellt, der besagtes rechtwinklige Dreieck bei der Quadratur eines Zahlenrechtecks $n \times n\varepsilon$, wo n eine Nichtquadratzahl ist, näher in Betracht nimmt, und der mit einfachsten Mitteln, z.B. mit der ἐφαρμόζειν-Methode, arbeitet.[12] Insofern ist gut vorstellbar, dass Theaitetos seinen Beweis für die Inkommensurabilität der Strecken, welche eine Nichtquadratzahl quadrieren, mit der Einheitsstrecke in der Weise, wie im folgenden dargestellt, geführt hat (es wird also davon ausgegangen, dass der Theaitetos-Stelle 147d-8b mit ziemlicher Wahrscheinlichkeit zu entnehmen ist, dass Theaitetos einen solchen Beweis tatsächlich geführt hat; siehe hierzu Georgi 2023 p.13, 18-21, 49).

Zunächst sei beispielhaft gezeigt, wie mit dem Höhensatz das Rechteck, welches die Zahl 3 darstellt, quadriert wird; siehe Figur 5, p.20.[13]

---

[11] τετραγωνίζειν (Staat 527a) und τετραγωνίζουσι (Theaitetos 148a) sind die einzigen Vorkommnisse des Verbs τετραγωνίζειν im Corpus platonicum. Das Substantiv τετραγωνισμός kommt im Corpus platonicum nicht vor. Bei Aristoteles kommt vor: τετραγωνίζειν (Metaphysik 996b21), τετραγωνισμός (Physik 185a16).

[12] Ein besonders illustratives Beispiel für die ἐφαρμόζειν-Methode (Methode des Aufeinanderpassens) bieten die EE I 4 (1. Kongruenzsatz für Dreiecke). Er stellt fest: Sind bei zwei Dreiecken zwei Seiten des einen Dreiecks mit zwei Seiten des anderen Dreiecks deckungsgleich und ist der Winkel, gebildet von den einen zwei Seiten, deckungsgleich mit dem Winkel, gebildet von den anderen zwei Seiten, so sind die Dreiecke gleich, genauer: so sind, bei naheliegender Ergänzung der Einanderzuordnung von Seite zu Seite und Winkel zu Winkel, alle einander zugeordneten Komponenten der beiden Dreiecke (Seiten, Winkel, Flächen) deckungsgleich.

[13] Fast dieselbe Figur findet sich in einem anonymen Theaitetos-Kommentar aus dem ersten oder zweiten nachchristlichen Jahrhundert. Siehe Diels/Schubart 1905 p.21.

Die Seiten α und $\beta := 3\alpha$ des Rechtecks werden zu einer Strecke γ zusammengesetzt. Über γ wird ein Halbkreis gezeichnet. In der Nahtstelle von α und β wird die Senkrechte errichtet, sodass diese den Halbkreis schneidet. Der so entstandene Senkrechtenabschnitt δ ist das Lot in einem rechtwinkligen Dreieck auf die Hypotenuse γ. Nach dem Höhensatz hat dann das Quadrat über δ die gleiche Fläche wie das Rechteck mit den Seiten α und β; der Höhensatz ergibt sich i.ü. elementar infolge jedes Einpassens des kleineren Teildreiecks in das größere Teildreieck.[14]

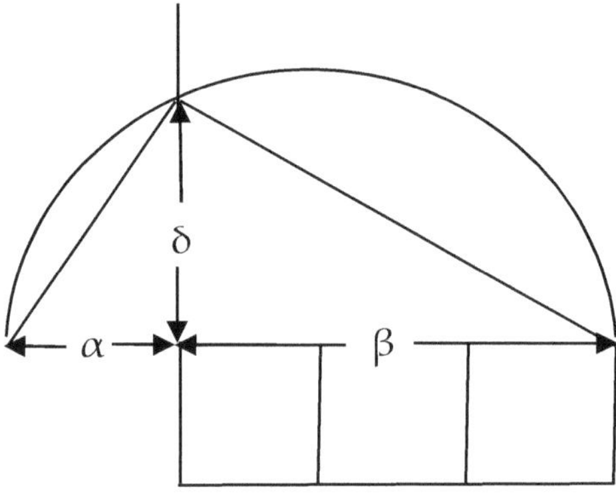

Figur 5

Ein näheres In-Betracht-Nehmen des konstruierten rechtwinkligen Dreiecks bzw. seiner Teildreiecke, wie es auch zum Auffinden des Höhensatzes führt, lässt das

---

[14] Der Höhensatz ergibt sich also mittels der ἐφαρμόζειν-Methode (Deckungsmethode), die für archaisch gilt. So schreibt von Fritz 1971 p.401-2: „Es bestätigt sich also, daß diese Methode einmal in viel weiterem Umfang angewendet worden sein muß, als dies bei Euklid der Fall ist. Sie scheint auf den ersten Anfang der griechischen Mathematik zurückzugehen, und es ist dann nicht leicht, es als einen reinen Zufall zu betrachten, daß von den fünf Sätzen, die dem Thales in der antiken Überlieferung zugeschrieben werden, vier sich direkt und der fünfte indirekt mit der Deckungsmethode beweisen lassen." Zum Beweis des Höhensatzes mithilfe der Deckungsmethode siehe Georgi 1989 p.40-4. In den EE wird der Höhensatz im Rahmen des Beweises für II 14 bewiesen, wobei wesentlich eingehen II 5 und I 47 (Pythagoras-Satz). Zur Konstruktion der Figur 5 vgl. die Konstruktionszeichnung zum Beweis von II 14 und VI 13.

kleine Teildreieck, wie es die folgende Figur 6 zeigt, in das große Teildreieck einpassen.[15]

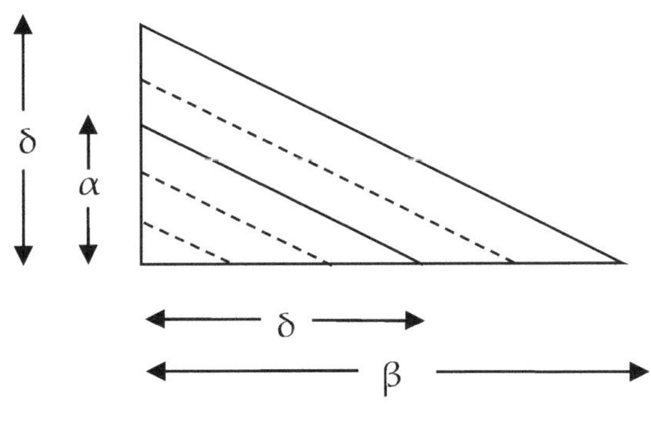

Figur 6

Im folgenden sei $\beta := n\alpha$, wobei n eine beliebige Nichtquadratzahl sei. Sind nun α und δ kommensurabel, so sind auch δ und β kommensurabel, wie das Parallelenziehen in Figur 6 zeigt. Hat man ein gemeinsames Maß λ von α, δ mit: $a\lambda = \alpha$, $b\lambda = \delta$ (für bestimmte Zahlen a, b), so hat man (siehe Figur 6) ein gemeinsames Maß μ von δ, β mit: $a\mu = \delta$, $b\mu = \beta$ (und umgekehrt).[16] μ sei im folgenden das größte gemeinsame Maß von δ, β, wobei man für bestimmte Zahlen a, b hat: $a\mu = \delta$, $b\mu = \beta$, und λ sei das entsprechende Maß von α, δ mit $a\lambda = \alpha$ und $b\lambda = \delta$ (siehe Figur 6; λ ist dabei offensichtlich das größte gemeinsame Maß von α, δ). λ ist offensichtlich auch gemeinsames Maß von δ, β (da $\beta := n\alpha$). Und μ ist als größtes gemeinsames Maß von

---

[15] Die drei Dreiecke von Figur 5 sind untereinander formgleich.

[16] Man hat also: $\alpha : \delta = \delta : \beta$ (im einfachen Sinne der EE VII Def.20 (einfach: verglichen mit V Def.5), für zwei beliebige Paare kommensurabler Strecken ausgesprochen), d.h. δ ist mittlere Proportionale zu α und β. Figur 6 veranschaulicht also (mit der angenommenen Kommensurabilität von α und δ in einfacher Weise), dass das Auffinden (Konstruieren) der Strecke δ, welche ein Rechteck mit den Seiten α und β quadriert (siehe p.19-20, Figur 5), zugleich das Auffinden der mittleren Proportionalen von α und β ist. (Auf diesen Zusammenhang kommt auch Aristoteles zu sprechen. Er sagt: das τετραγονίζειν bzw. der τετραγωνισμός ist das Auffinden der mittleren Proportionale (μέσης <γραμμῆς> εὕρεσις); siehe hierzu Szabó 1969 p.58ff.)

δ, β ein Vielfaches von λ (siehe EE VII 2 Zusatz bzw. X 3 Zusatz), in Zeichen: μ = νλ, wobei ν eine Zahl ist. Nun hat man:

(1) δ = aμ = a(νλ) = ν(aλ) = να
(2) β = bμ = b(νλ) = ν(bλ) = νδ = ν(να).

Mit α als Einheit hat man: n = ν · ν .[17] Widerspruch (n ist ja eine Nichtquadratzahl). Zu dem in (1) und (2) verwendeten Kommutativitätsgesetz siehe das in § 3, p.13, dazu Gesagte.

Wird also zu einem Rechteck α x nα, wobei n eine Nichtquadratzahl ist, eine Strecke δ konstruiert, sodass δ x δ = α x nα ist (d.h. δ quadriert n), so können α und δ nicht kommensurabel sein.

Der oben dargestellte Beweis dafür, dass die Strecken, welche eine Nichtquadratzahl quadrieren, inkommensurabel mit der Einheitsstrecke sind, ist also sehr elementar. Er geht aus von der Konstruktion der Strecken, welche eine Nichtquadratzahl quadrieren, d.h. vom Quadrieren der Zahlenrechtecke, die eine Nichtquadratzahl darstellen, genauer: von dem rechtwinkligen Dreieck, das dabei konstruiert wird. Er arbeitet großteils <u>anschaulich</u>, wobei die als archaisch geltende ἐφαρμόζειν-Methode des Ineinanderpassens formgleicher Figuren eine wesentliche Rolle spielt; dabei ist anzumerken, dass der Höhensatz, welcher der Quadratur zugrundeliegt, ebenfalls elementar mit der ἐφαρμόζειν-Methode beweisbar ist. Der Beweis ist auch in seinem arithmetischen Teil sehr einfach. Dies alles spricht dafür, dass der erste allgemeine Beweis der Inkommensurabilität der Strecken, welche eine Nichtquadratzahl quadrieren, mit der Einheitsstrecke mit gewisser Wahrscheinlichkeit tatsächlich so erfolgt ist.

---

[17] In den EE VII Def.2 wird Zahl definiert als Menge, die aus Einheiten (ἐκ μονάδων) zusammengesetzt ist. Wie beschaffen die Einheiten sein sollen, ist der Definition von Einheit (Def.1) nicht zu entnehmen. Veranschaulicht werden in Buch VII die Zahlen durch gezeichnete Strecken, die öfters in untereinander gleiche Abschnitte unterteilt sind, wobei diese für gleiche Zahlen oder für Einheiten stehen. Sind nun (für Euklid) ideale Strecken, die aus idealen untereinander gleichen Streckeneinheiten zusammengesetzt sind, Zahlen im Sinne obiger Def. (und gelten etwa auch linear zusammengesetzte ideale EQe als Zahlen im Sinne obiger Def.)? Man ist geneigt, es so zu sehen. Wohl im Gegensatz zu solcher Sicht ist Platons Darstellung der idealen Zahlen in Staat 526a. Dort sind die idealen Zahlen (in 525d werden die Zahlen an sich von den Zahlen, welche sichtbare und greifbare Körper haben, unterschieden) zwar aus untereinander gleichen Einheiten zusammengesetzt, diese enthalten aber keinen Teil in sich (sind teillos; dies erinnert an EE I Def.1: Punkt ist, was keinen Teil hat). Dies kann man wohl von untereinander gleichen idealen Strecken, die man als Einheiten ansieht, nicht sagen.

Für das Folgende sei zunächst an die Definition von Q_n ($n = 1, 2, 3, \ldots$) und σ_n erinnert (siehe p.14). Zum Vergleich mit dem oben dargestellten Beweis sei ein Beweis nach Van der Waerden angegeben dafür, dass σ_n mit σ_1 inkommensurabel ist, wenn n eine Nichtquadratzahl ist.[18] Van der Waerden geht im arithmetischen Teil seines Beweises von Sätzen des VII. Buches der EE aus, das zumindest in seiner ersten Hälfte frühes arithmetisches Wissen darstellt, und nicht von Sätzen des VIII. Buches, wie etwa Reidemeister (1940 p.27), die als weniger alt gelten wie die des VII. Buches. Der Beweis verwendet i.w. (in der Reihenfolge der Verwendung): X 5, 9, VII 27, 21; damit wird wesentlich mehr vorausgesetzt als in obigem Beweis.

Der Beweis: Sind σ_1, σ_n kommensurabel, so gibt es Zahlen a, b mit: $\sigma_1 : \sigma_n = a : b$ (X 5); a und b können dabei als teilerfremd angesehen werden (man betrachte das grösste gemeinsame Maß von σ_1, σ_n). Dann hat man: $Q_1 : Q_n = a^2 : b^2$ (X 9) . Nun hat man, da zudem $Q_1 : Q_n = 1 : n$ ist: $1 : n = a^2 : b^2$. Mit a, b sind auch a^2, b^2 teilerfremd (VII 27). Teilerfremde Zahlen sind die kleinsten Zahlen, die in einem vorgegebenen Verhältnis stehen (VII 21). Damit ist $1 = a^2$ und $n = b^2$. Aus der Kommensurabilität von σ_n und σ_1 folgt also, dass Q_n ein Quadratzahlvielfaches von Q_1 ist. Kontraponiert: Ist Q_n kein Quadratzahlvielfaches von Q_1, so sind σ_n und σ_1 inkommensurabel.

§ 6 Eine Entdeckungsmöglichkeit von ‚$\sqrt[3]{n}$', wo n allgemein Nichtkubikzahl ist

Zunächst: n sei eine Nichtkubikzahl ($n \neq 2^3, 3^3, 4^3, \ldots$). Dann sei der Ausdruck ‚$\sqrt[3]{n}$' (einschließlich der Anführungszeichen) Kurzausdruck für: die Kante eines vorgegebenen Würfels und die Seite des n-fach so großen Würfels sind inkommensurabel.

In der schon erwähnten Theaitetos-Stelle 147d-8b (siehe p.14) sagt Theaitetos als Teil eines umfassenderen Satz aus (hier umformuliert):

(Q) Die Seite eines Quadrates mit dem Flächeninhalt einer Nichtquadratzahl ist mit der Seite des Einheitsquadrates inkommensurabel.

Anschließend an erwähnten umfassenderen Satz bemerkt Theaitetos noch knapp: Und bei den Raumgrößen besteht ein entsprechender Sachverhalt. Dies sei, hinsichtlich (Q), wie folgt formuliert:

---

[18] Vgl. Waerden 1949 reprint p.237, Waerden 1966 p.274-5.

(W) Die Seite eines Würfels mit dem Rauminhalt einer Nichtkubikzahl ist mit der Seite des Einheitswürfels inkommensurabel.

Die Theaitetos-Stelle legt die Annahme nahe, dass erstmals Theaitetos die Sätze (Q) und (W) beweisen konnte.

Im folgenden sei gezeigt, wie sich die mutmaßliche ursprüngliche Einsicht in (W) gutteils analog zu der in § 5 dargestellten mutmaßlichen ursprünglichen Einsicht in (Q) rekonstruieren lässt.

Zunächst sei der <u>Grundzug</u> dieser Einsicht dargestellt; auf die dabei wesentlich eingehenden zwei Lemmata sei dann anschließend eingegangen:

α sei die Kante eines vorgegebenen Würfels und ξ die Kante desjenigen Würfels, der zweifach so groß wie der vorgegebene ist; dabei stehe die <u>Zwei</u> exemplarisch für jede Nichtkubikzahl.

Angenommen sei, dass α und ξ kommensurabel sind. Dann gibt es – dies wird das <u>erste Lemma</u> sein – eine Strecke υ, sodass (a) die Strecken $\alpha\ \xi\ \upsilon\ 2\alpha$ ein gemeinsames Maß haben (dadurch gleichsam Zahlenstrecken sind) und (b) man hat: α verhält sich zu ξ wie ξ zu υ, und ξ zu υ wie υ zu 2α, in Zeichen: $\alpha : \xi = \xi : \upsilon = \upsilon : 2\alpha$; dabei sei gesagt: $\alpha\ \xi\ \upsilon\ 2\alpha$ bilden eine geometrische Reihe.[19]

Für vier Strecken $\alpha\ \beta\ \gamma\ \delta$ mit einem gemeinsamen Maß (für vier Zahlenstrecken) sei Verhältnisgleichheit definiert im Sinne der EE VII Def.20: Man sagt: $\alpha : \beta = \gamma : \delta$, wenn man hat: das größte gemeinsame Maß von α und β misst α bzw. β so oft, wie oft das größte gemeinsame Maß von γ und δ γ bzw. δ misst (dabei kann das größte gemeinsame Maß von α und β bzw. von γ und δ gleich einer der beiden Strecken sein).

Bei der Betrachtung der geometrischen Reihe $\alpha\ \xi\ 2\alpha$ in § 5 (siehe p.21-2 mit n.16, man lese dort „ξ" für „δ" und „2α" für „β"), wobei ja α und ξ als kommensurabel angenommen wurden, war das wesentliche Ergebnis, dass $\xi = \nu\alpha$ ($\nu \geq 1$) ist und 2α dann $= \nu(\nu\alpha)$ sein muss. Es liegt demnach nahe, auch bei der geometrischen Reihe α

---

[19] Schon Hippokrates von Chios bzw. Archytas von Tarent haben den wesentlichen Schritt bei der Lösung des Problems der Würfelverdoppelung (des Delischen Problems) darin gesehen, zwischen die Strecken α und 2α zwei „mittlere Proportionale einzuschalten", d.h. zwei Strecken ξ und υ zu finden, sodass $\alpha\ \xi\ \upsilon\ 2\alpha$ eine geometrische Reihe bilden. Siehe hierzu Waerden 1966 p. 224, 230, 249-52. Hippokrates hat ca. 450-30 in Athen gewirkt, Archytas ist ein (etwas älterer) Zeitgenosse von Platon (geboren 428/7).

$\xi \, \upsilon \, 2\alpha$ nachzuweisen, dass $\xi = v\alpha$ ($v \geq 1$) ist (und $\upsilon = v(v\alpha)$ ist) und 2α dann $= v(v(v\alpha))$ sein muss.

Bei der geometrischen Reihe $\alpha \, \xi \, 2\alpha$ war das entscheidende Ergebnis, dass ξ ein Vielfaches von α ist, i.w. durch die folgenden drei Gegebenheiten bedingt, μ_1 sei dabei das größte gemeinsame Maß von α und ξ, und μ_2 das von ξ und 2α:

(a) μ_1 misst α so oft, wie oft μ_2 ξ misst.

(b) jedes gemeinsame Maß von α, ξ ist auch ein gemeinsames Maß von ξ, 2α.

(c) jedes gemeinsame Maß von ξ und 2α misst μ_2 (EE X 3 Zusatz), insbesondere ist also μ_2 ein Vielfaches von μ_1.

Die Frage ist nun: Hat man entsprechende Gegebenheiten bei der geometrischen Reihe $\alpha \, \xi \, \upsilon \, 2\alpha$, sodass sich auch hier ξ als ein Vielfaches von α ergibt?

Betrachtet man das größte gemeinsame Maß v_1 von $\alpha \, \xi \, \upsilon$ und das größte gemeinsame Maß v_2 von $\xi \, \upsilon \, 2\alpha$ (EE X 4), so erhält man in der Tat zu (a) – (c) entsprechende Gegebenheiten:

(a′) v_1 misst α so oft, wie oft v_2 ξ misst – dies wird das <u>zweite Lemma</u> sein.

(b′) jedes gemeinsame Maß von α, ξ, υ ist auch ein gemeinsames Maß von υ, ξ, 2α.

(c′) jedes gemeinsame Maß von υ, ξ, 2α misst v_2 (EE X 4), insbesondere ist also v_2 ein Vielfaches von v_1.

Da also v_1 α so oft misst, wie oft v_2 ξ misst (Lemma 2), und v_2 ein Vielfaches von v_1 ist, ist offensichtlich ξ ein Vielfaches von α,[20] d.h. für eine Zahl $v \geq 1$ ist $\xi = v\alpha$, und folglich ist – aufgrund der Verhältnisgleichheiten $\alpha : \xi = \xi : \upsilon = \upsilon : 2\alpha$ (Lemma 1) – $2\alpha = v(v(v\alpha))$. Mit α als Einheit hat man also: $2 = v^3$, mit anderen Worten: 2 ist eine Kubikzahl. Widerspruch. α und ξ, die Seite des Würfels, der zweimal so groß wie α^3 ist, können also nicht kommensurabel sein.

Im folgenden zu den genannten beiden Lemmata.

---

[20] Zur „offensichtlichen" Folgerung: Man hat für eine Zahl a: $av_1 = \alpha$ und $av_2 = \xi$, und für eine Zahl b: $v_2 = bv_1$. Somit ergibt sich: $\xi = av_2 = a(bv_1) = b(av_1) = b\alpha$, d.h. ξ ist ein Vielfaches von α; die dritte Gleichung ist mit v_1 als Einheit Instanz des Kommutativitätsgesetzes (siehe in § 3, p.13, das zu ihm Gesagte).

Zum ersten Lemma

Es lautet ja:

(Y) Sind α und ξ kommensurabel, so gibt es eine Strecke υ, sodass (a) die Strecken α ξ υ 2α ein gemeinsames Maß haben (dadurch gleichsam Zahlenstrecken sind) und (b) sie eine geometrische Reihe bilden.

Dass die Einschaltung zweier mittlerer Proportionalen ξ und υ zwischen α und 2α wesentlich zu tun hat mit dem Versuch, das bekannte Problem der Würfelverdoppelung (Delisches Problem) zu lösen (vgl. n.19), ist Theaitetos sicher bekannt gewesen; sie geht auf Hippokrates von Chios zurück, der deutlich älter als Theaitetos ist; auch dürfte Theaitetos Archytas' konstruktive (kinematische) Bestimmung der beiden mittleren Proportionalen zur Lösung der Aufgabe der Würfelverdoppelung bekannt gewesen sein. Möglicherweise ist Satz (Y) die ursprüngliche, auf Strecken, die ein gemeinsames Maß haben, beschränkte Fassung des Sachverhaltes, dass sich bei der Vorstellung des Anwachsens eines Würfels zu dem zweifach so großen, sich zwei mittlere Proportionale ergeben. So könnte schon Hippokrates Satz (Y) bewiesen haben. Nun dazu, wie sich Satz (Y) mutmaßlich ergeben hat und wie er mit anschaulichen und einfachen Mitteln bewiesen werden kann:

α und ξ seien als kommensurabel angesehen; man hat also eine Strecke μ und Zahlen a, x mit: $a\mu = \alpha$ und $x\mu = \xi$.

Im folgenden wird das räumliche Anwachsen von Quadern betrachtet. Dieses Anwachsen geschieht sukzessive in die drei Raumrichtungen Breite (x-Achse), Höhe (y-Achse), Tiefe (z-Achse).

So betrachte man das Anwachsen des vorgegebenen Würfels α^3 zum zweimal so großen Würfel ξ^3 in der Reihenfolge (1) $\rightarrow$ (2) $\rightarrow$ (3) $\rightarrow$ (4) von Quadern in folgender Figur 7.

Bei der Wachstumsreihe (1) $\rightarrow$ (2) $\rightarrow$ (3) $\rightarrow$ (4) erhält man für die Anzahlen der Einheitswürfel μ^3 in den Quadern (1) – (4) die geometrische Reihe a^3 x $\cdot$ a^2 x^2 $\cdot$ a x^3, wobei offensichtlich die aufeinanderfolgenden Glieder im Verhältnis a : x stehen, was die Wachstumsreihe (1) – (4) veranschaulicht.

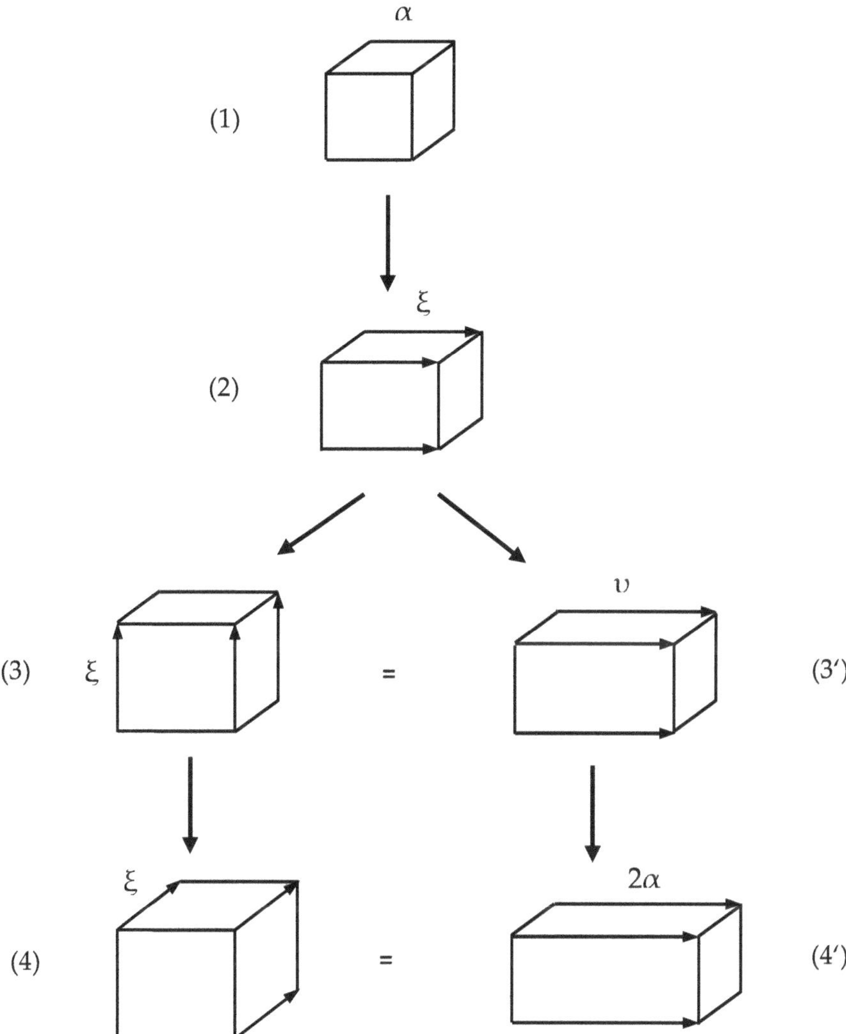

Figur 7

Der Würfel ξ^3 soll nun gleich groß sein wie der Quader 2α x α x α. Damit ist umgehend – bis auf die Lücke (3') – eine zweite Wachstumsreihe gegeben, bei der das Anwachsen ‚übersichtlicher', nämlich nur in Breitenrichtung erfolgt. Nichts liegt also näher, als sich <u>vorzustellen</u>, dass es einen Quader (3') mit der Vorderfläche υ x α gibt, der gleichgroß wie der Quader (3) mit der Vorderfläche ξ x ξ ist. Anschaulich ist die Existenz eines solchen Quaders klar. Und es ist auch kein Problem, diese Anschauung zu rechtfertigen: Zum Quadrat ξ x ξ konstruiere man ein Rechteck mit der vorgegebenen Seite α, das die gleiche Fläche wie ξ x ξ hat – siehe die folgende Figur 8 zur Konstruktion der zweiten Rechteckseite υ:

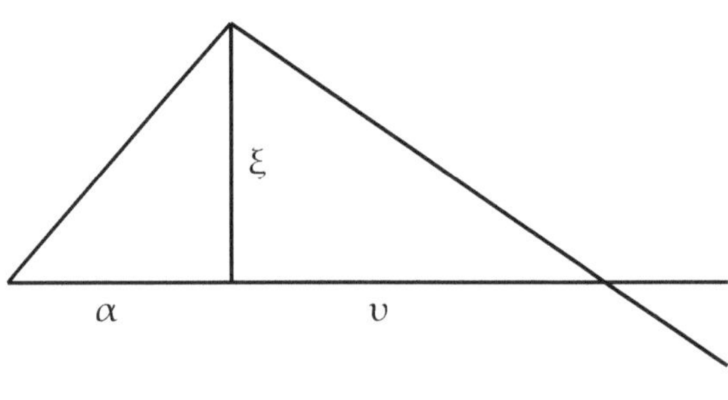

Figur 8

Dabei entsteht ein rechtwinkliges Dreieck, siehe Figur 8. Mit dem Höhensatz (vgl. p.20 mit n.14) hat man dann: ξ x ξ = υ x α.

Die Quader (3) ξ x ξ x α und (3') υ x α x α haben die gleiche Vorderfläche und die gleiche Tiefe und sind deshalb (Grundsatz) gleich groß.

Da α und ξ kommensurabel sind (Voraussetzung), sind auch ξ und υ kommensurabel; siehe hierzu Figur 6, p.21 (man lese dort „ξ" für „δ" und „υ" für „β"). Die Strecken α, ξ, υ haben damit (leichte Übungsaufgabe) ein gemeinsames Maß; das vorhin beliebig gewählte gemeinsame Maß μ von α und ξ sei gerade ein solches gemeinsames Maß von α, ξ, υ (diese Einrichtung dient nur dazu, die weitere Betrachtung möglichst einfach zu halten), wobei für eine Zahl y gilt: $y\mu = \upsilon$.

Da (3) = (3′) und (4) = (4′) ist und diese vier Quader in untereinander gleichgroße Einheitswürfel (mit der Kante μ) unterteilt sind, gilt für die entsprechenden Anzahlen: $x^2 \cdot a = y \cdot a^2$ und $x^3 = 2a \cdot a^2$.[21] Die geometrische Reihe

$$a^3 \qquad x \cdot a^2 \qquad x^2 \cdot a \qquad x^3 \qquad\qquad (1) \rightarrow (2) \rightarrow (3) \rightarrow (4)$$

sieht mit diesen Gleichheiten also so aus:

$$a^3 \qquad x \cdot a^2 \qquad y \cdot a^2 \qquad 2a \cdot a^2 \qquad\qquad (1) \rightarrow (2) \rightarrow (3') \rightarrow (4').$$

Wird mit a^2 gekürzt, erhält man die Reihe

$$a \qquad x \qquad y \qquad 2a$$

deren Glieder sich zueinander so verhalten wie in der ungekürzten Reihe (EE VII 18) und damit wie in der ersten Reihe, d.h. also:

$$a : x \;=\; x : y \;=\; y : 2a.$$

Den Zahlen a x y 2a entsprechen die Strecken $a\mu$ $x\mu$ $y\mu$ $2a\mu$, das sind die Strecken α ξ υ 2α, die also ein gemeinsames Maß haben und in geometrischer Reihe stehen, nämlich so wie die Zahlen a x y 2a. Damit ist gezeigt, wie Theaitetos bzw. Hippokrates Satz (Y) in einfacher Betrachtungsweise (insbesondere im Sinne von Figur 7) ‚eingesehen‘ haben könnten.

Zum zweiten Lemma

Es geht (vgl. p.25) um folgenden Sachverhalt bei der geometrischen Reihe α ξ υ 2α, wobei ν_1 das größte gemeinsame Maß von α ξ υ und ν_2 das größte gemeinsame Maß von ξ υ 2α sei: (*) ν_1 misst α so oft, wie oft ν_2 ξ misst.

Zum Beweis des Sachverhaltes (*) zunächst ein Schema (Figur 9), das zeigt, wie sich ν_1 und ν_2 (aufgrund von EE X 4) ergeben; dabei ist μ_i und ν_i jeweils das größte gemeinsame Maß der im Schema angegebenen Strecken.

---

[21] Verwendet wird hier, in Kontraposition, ein in n.8 analoges Prinzip: Zwei Quader A, B seien aus den gleichen Einheitswürfeln zusammengesetzt; ist die Anzahl der Einheitswürfel von A $\neq$ von der Anzahl der Einheitswürfel von B, so sind A und B verschieden groß.

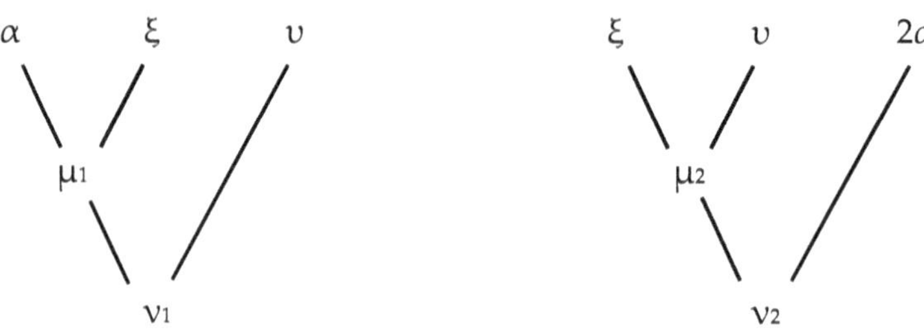

Figur 9[22]

Da μ_1 derselbe Teil von ξ ist, wie es μ_2 von υ ist (wegen $\alpha : \xi = \xi : \upsilon$) hat man: $\mu_1 : \xi = \mu_2 : \upsilon$. Mit $\xi : \upsilon = \upsilon : 2\alpha$ hat man dann auch (EE VII 14): $\mu_1 : \upsilon = \mu_2 : 2\alpha$.[23] Damit hat man: ν_1 misst μ_1 so oft, wie oft ν_2 μ_2 misst ($\nu_1 : \mu_1 = \nu_2 : \mu_2$). Da zudem (wegen $\alpha : \xi = \xi : \upsilon$) μ_1 α so oft misst, wie oft μ_2 ξ misst ($\mu_1 : \alpha = \mu_2 : \xi$), resultiert (EE VII 14): ν_1 misst α so oft, wie oft ν_2 ξ misst ($\nu_1 : \alpha = \nu_2 : \xi$). Damit ist der Sachverhalt (*), das zweite Lemma bewiesen.

Mit den beiden bewiesenen Lemmata ergibt sich nun, wie oben (siehe p.25) gezeigt: Ist α^3 ein vorgegebener Würfel und ξ^3 ein Würfel, der zweimal so groß ist wie α^3, so können α und ξ nicht kommensurabel sein. Der Beweis für den Fall 2 ist so gehalten, dass er im Prinzip auch für den allgemeinen Fall n, wo n eine Nichtkubikzahl ist, geführt ist. Man hat also: Ist α^3 ein vorgegebener Würfel und ξ^3 ein Würfel, der n-mal so groß ist wie α^3 ist, wobei n eine Nichtkubikzahl ist, so können α und ξ nicht kommensurabel sein. Das ist der zu Anfang des Paragraphen angegebene Sachverhalt (W).

---

[22] Zu den Strecken der Figur 9 sei angemerkt, dass sie alle Vielfache von ν_1 sind (man beachte: ν_1 misst ν_2) und insofern Zahlen(strecken) sind, wie schon die Strecken α ξ υ 2α (siehe p.24).

[23] VII 14 lässt sich im Falle der Strecken μ_1, ξ, υ und μ_2, υ, 2α als Hintereinanderausführen gleicher Streckungen gut veranschaulichen: Wird μ_2 so zu υ gestreckt wie μ_1 zu ξ, und wird υ so zu 2α gestreckt wie ξ zu υ, so wird μ_2 so zu 2α gestreckt wie μ_1 zu υ.

Die Einsicht in (W) könnte sich für Theaitetos (mit im Grunde nur geringem Theorieaufwand) sehr wohl in Orientierung an die Einsicht in (Q) ergeben haben; siehe hierzu die oben (p.25) dargestellten analogen Sachverhalte, die zu (Q) bzw. (W) führen.

Die Einsicht in (W) hat auch einen erheblichen anschaulichen Anteil (man siehe etwa Figur 7, p.27) – auch was die arithmetischen Sachverhalte angeht, wenn die Zahlen als Zahlenstrecken ‚gesehen‘ werden (man siehe das in n.23 zu EE VII 14 Gesagte). Benennt man die zur Einsicht in (W) herangezogenen arithmetischen Sachverhalte nach den EE, so beschränken sich diese auf die erste Hälfte des VII. Buches, die großteils elementares und wohl früh gefundenes arithmetisches Wissen präsentiert.

§ 7 Zur Verallgemeinerung von ‚$\sqrt{n}$‘ und ‚$\sqrt[3]{n}$‘

In Verallgemeinerung von ‚$\sqrt{n}$‘ (wo n eine Nichtquadratzahl ist, § 5), und von ‚$\sqrt[3]{n}$‘ (wo n eine Nichtkubikzahl ist, § 6), lässt sich zeigen:

Für Zahlen a, b > 1 ist $\sqrt[a]{b}$ irrational, wenn b nicht die a-te Potenz einer Zahl ist.

Zu einem Beweis siehe etwa Hardy/Wright 1954 p.40-1 oder Schafmeister/Wiebe 1978 p.69-70. Dabei geht wesentlich ein, was schon in den EE VII 30 bewiesen wird: Teilt eine Primzahl das Produkt zweier Zahlen, so teilt sie bereits einen Faktor.

Anhang: Zur Erzeugung der sogen. Seiten- und Diagonalenzahlen

Es sei davon ausgegangen, ein vorgegebenes Quadrat Q stetig zu einem Quadrat D anwachsen zu lassen, siehe Figur 10. Dabei entsteht ein winkelförmiger Zuwachs Z.

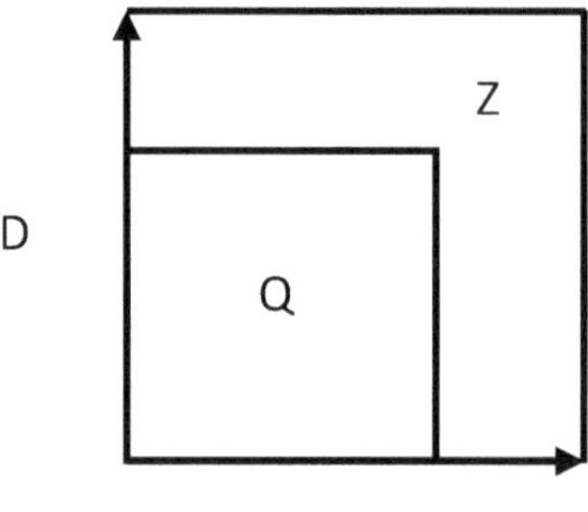

Figur 10

Bei der Frage, ‚um wieviel' Q angewachsen ist, ist es naheliegend, Q ‚direkt' mit dem Zuwachs Z zu vergleichen. Dazu wird eine Kopie von Q in den Zuwachs bzw. in die entsprechende Ecke des Quadrates D eingepasst, siehe die Figur 11:

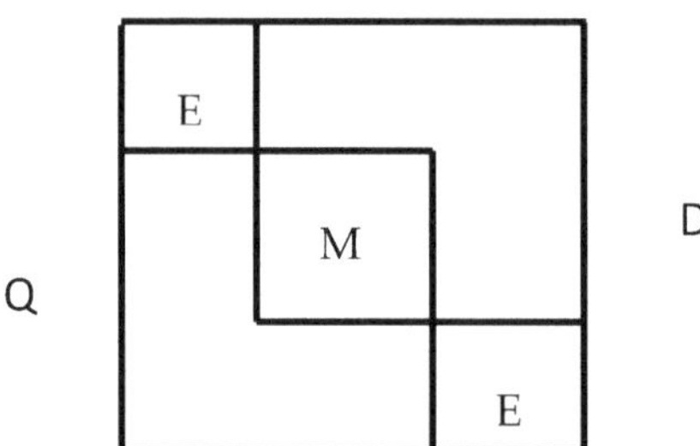

Figur 11

Man sieht sofort: der Vergleich von Q und Z kann auf den Vergleich von E + E und M beschränkt werden (E: Eckquadrat, M: mittleres Quadrat). Bei einer Quadratverdoppelung (wie ungefähr in den letzten beiden Figuren) hat man Z = Q. Und dies ist gleichwertig mit E + E = M bzw. mit E : M = 1 : 2.[24]

Erinnern wir uns an die Menon-Szene (p.10), an den dortigen zweiten Versuch, ein Quadrat mittels Einheitsquadraten verdoppelt sehen zu wollen, siehe Figur 12:

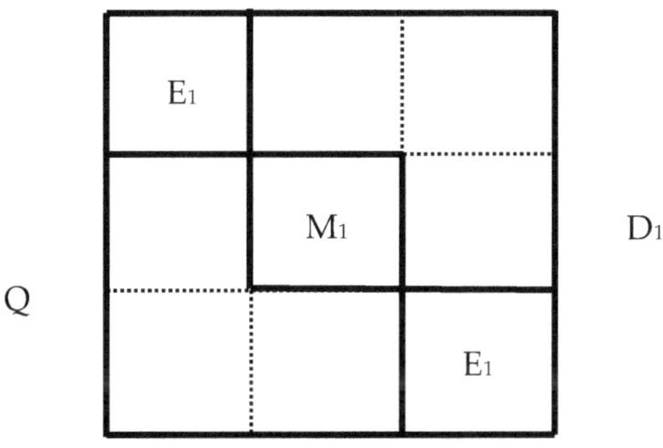

Figur 12

Man hat also ein Quadrat Q, dessen Seite σ zweigeteilt ist, von einem Maß μ_1 zweimal gemessen wird, und ein größeres Quadrat D_1, dessen Seite δ_1 dreimal von μ_1 gemessen wird. Vergleicht man nun Q <u>direkt</u> – wie in Figur 11 angezeigt – mit D_1, erhält man zwei Eckquadrate E_1 und ein mittleres Quadrat M_1. Zum Vergleich von Q mit D_1 reicht – wie vorhin bemerkt – der Vergleich von $E_1 + E_1$ mit M_1. Bei einer Quadratverdoppelung hat man ja E + E = M bzw. E : M = 1 : 2 (wie ungefähr in Figur 11). Nun ist beim Vergleich von Q mit D_1 zu sehen: einerseits ist zwar das Verhältnis Q : D_1, nämlich 4 : 9, dem Verhältnis 1 : 2 schon relativ ähnlich, andererseits ist das

---

[24] An Figur 11 ist im übrigen Satz 10 der EE Buch II ablesbar, allerdings in anderer Formulierung: D + M = 2 · Q + 2 · E. Siehe hierzu Heath 1925 reprint vol.1 p.397-8. Bei Satz 10 fragt man sich sehr, wie er sich ursprünglich ergeben hat. Vielleicht gerade ,natürlicherweise' in dem mit Figur 11 illustrierten Zusammenhang. Satz 10 ist im übrigen für Proklos bei seinem Bericht über die Seiten- und Diagonalenzahlen sehr wichtig (vgl. p.35).

Verhältnis $E_1 : M_1$, nämlich 1 : 1, dem Verhältnis 1 : 2 noch sehr unähnlich. Das Verhältnis $E_1 : M_1$ ist damit sozusagen ein Feinmaß für das Verhältnis $Q : D_1$.

(*) Wie wäre es nun, wenn man ein Maß μ_2 von σ und der Seite δ_2 eines größeren Quadrates D_2 derart hätte, dass dann das Feinmaß $E_2 : M_2 = 4 : 9$ wäre (siehe Figur 13)?

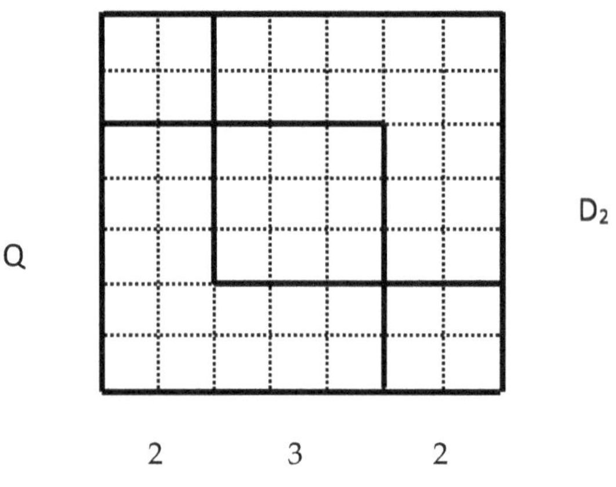

Figur 13

Dann wäre doch wohl auch das Verhältnis $Q : D_2$ dem Verhältnis 1 : 2 näher als zuvor das Verhältnis $Q : D_1$ dem Verhältnis 1 : 2. Wie nun das Maß μ_2 auszufallen hat, macht Figur 13 ersichtlich. Dazu sei daran erinnert: für $s_1 := 2$ und $d_1 := 3$ hat man: $s_1\mu_1 = \sigma$ und $d_1\mu_1 = \delta_1$. Für Zahlen s_2, d_2 hat man: $s_2\mu_2 = \sigma$ und $d_2\mu_2 = \delta_2$. Anhand von Figur 13 ist zu sehen: $s_2 = s_1 + d_1$ (= 2 + 3 = 5) und $d_2 = s_1 + d_1 + s_1 = 2s_1 + d_1$ (= 2 · 2 + 3 = 7). Aufgrund des gemeinsamen Maßes μ_2 von σ und δ_2 erhält man also: $Q : D_2 = 5^2 : 7^2 = 25 : 49$, was dem Verhältnis 1 : 2 erheblich näher ist als zuvor das Verhältnis $Q : D_1 = 2^2 : 3^2 = 4 : 9$ dem Verhältnis 1 : 2.

Mutatis mutandis kann offenbar obige Frage (*) wiederholt werden: Wie wäre es, wenn man ein Maß μ_3 von σ und der Seite δ_3 eines größeren Quadrates D_3 derart hätte, dass dann das Feinmaß $E_3 : D_3 = 25 : 49$ wäre? Die Beantwortung der Frage ergibt leicht ersichtlich: $Q : D_3 = (5 + 7)^2 : (2 · 5 + 7)^2 = 12^2 : 17^2 = 144 : 289$.

Wie fortzufahren ist, ist nun offensichtlich. Man erhält eine Doppelfolge von Zahlen mit den Anfangsgliedern $s_1 := 2$, $d_1 := 3$ und den Fortsetzungsgliedern $s_{k+1} = s_k + d_k$, $d_{k+1} = 2 \cdot s_k + d_k$ (bei der Doppelfolge s_k, d_k hat man für ungerade Zahlen k: $d_k^2 - 2 \cdot s_k^2 = 1$, für gerade Zahlen k: $2 \cdot s_k^2 - d_k^2 = 1$). Die Seiten des vorgegebenen Quadrates Q und des jeweils vergrößerten Quadrates D_k stehen also im Verhältnis 2 : 3, 5 : 7, 12 : 17 usw. Die Folge $d_k \,/\, s_k$ konvergiert sehr rasch gegen $\sqrt{2}$.

Das angegebene Verfahren ist nun möglicherweise das ursprüngliche Verfahren zur Erzeugung der sogenannten <u>Seiten- und Diagonalenzahlen</u> (deswegen oben die Bezeichnung s_k, d_k); dafür würde auch sprechen, dass es anschaulich-einsichtig ist (man siehe die Folge der Figuren 10 – 13 nebst Kontext).

Zum Thema der Seiten- und Diagonalenzahlen – basierend auf den spätantiken Berichten von Theon von Smyrna, Iamblichos und Proklos,[25] wobei Proklos' Bericht der bei weitem wichtigste ist – sei etwa verwiesen auf: Heath 1925 reprint vol.1 p.398-400, Heller 1956 p.3-5, Waschkies 1971 § 2-4, Knorr 1975 p.31-3.

---

[25] Lebenszeiten: Theon von Smyrna: etwa 100 – 150, Iamblichos: 240-5 – 320-5, Proklos 410 – 485.

Terminologie-Glossar

Mit „Zahl" ist immer eine der Folge 1, 2, 3, 4, 5 usw. gemeint.

a und b seien Zahlen. a heißt durch b <u>teilbar</u>, wenn a ein Vielfaches von b ist, d.h. wenn es eine Zahl v gibt mit: vb = a.

Eine Zahl a heißt <u>gerade</u>, wenn es eine Zahl b gibt mit: 2b = a.

Strecken sind durchweg mit griechischen Kleinbuchstaben bezeichnet: α (Alpha), β (Beta), γ (Gamma), δ (Delta), ε (Epsilon), λ (Lambda), μ (My), ν (Ny), ξ (Xi), σ (Sigma), υ (Ypsilon)

μ und α seien Strecken. μ heißt <u>Maß</u> von α, wenn α ein Vielfaches von μ ist, d.h. wenn es eine Zahl v gibt mit: $v\mu = \alpha$.

α und β seien Strecken. Haben α und β ein gemeinsames Maß, sei gesagt: α und β sind <u>kommensurabel</u>.
Sind α und β nicht kommensurabel, sei gesagt: α und β sind <u>inkommensurabel</u>.

Eine <u>Unterteilung</u> einer Strecke α ist eine Gesamtheit endlich vieler disjunkter untereinander gleicher Teilstrecken von α, deren Vereinigung α ergibt.
Offenbar gibt es zu jedem Maß einer Strecke eine entsprechende Unterteilung der Strecke und umgekehrt.

α und β seien Strecken; β sei Teilstrecke von α mit gleichem Anfangspunkt wie α; U sei eine Unterteilung von α. Ist β ein Vielfaches des U entsprechenden Maßes, so heiße β <u>U-konforme</u> Strecke. Macht der Kontext klar, welche Unterteilung in Betrachtung steht, heiße β einfach <u>unterteilungskonforme</u> Strecke.

C sei ein Quadratgitter, A und B seien Teilgitter, die in eine Ecke von C eingepasst sind. Hat man: A < B < C, sei B <u>Zwischenquadrat</u> von A und C genannt; sind A und C durch Kontext klar, wird B kurz Zwischenquadrat genannt.

n sei eine Nichtquadratzahl (n ≠ 2^2, 3^2, 4^2, ...). Dann sei der Ausdruck ‚√n'(einschließlich der Anführungszeichen) Kurzausdruck für: die Seite eines vorgegebenen Quadrates und die Seite des n-fach so großen Quadrates sind inkommensurabel.

n sei eine Nichtkubikzahl (n ≠ 2^3, 3^3, 4^3, …). Dann sei der Ausdruck ‚$\sqrt[3]{n}$' (einschließlich der Anführungszeichen) Kurzausdruck für: die Kante eines vorgegebenen Würfels und die Seite des n-fach so großen Würfels sind inkommensurabel.

$\alpha \times \beta$	das Rechteck mit den Seiten α und β
α^2	das Quadrat (über) der Strecke α
$\alpha \times \beta \times \gamma$	der Quader mit den Kanten α, β und γ
α^3	der Würfel mit den Kanten α
:=	ist per definitionem gleich

Abkürzungen

bzgl.	bezüglich	
bzw.	beziehungsweise	
d.h.	das heißt	
EE	Euklidische Elemente	
(EE) X 5	(EE) Buch X Satz 5	(unum pro totis)
EQ	Einheitsquadrat	
i.ü.	im übrigen	
i.w.	im wesentlichen	
l.	line (Zeile)	
m.E.	meines Erachtens	
n.	note (Anmerkung)	
nr.	Nummer	
p.	page (Seite)	
sc.	scilicet (nämlich)	
sogen.	sogenannten	
usw.	und so weiter	
v.a.	vor allem	
vgl.	vergleiche	
vol.	volume (Band)	
z.B.	zum Beispiel	

Literaturverzeichnis

Becker, Oskar (1934)
  Die Lehre vom Geraden und Ungeraden im neunten Buch der Euklidischen
  Elemente
  reprint in: Becker 1965 p.125-45

Becker, Oskar (Hrsg., 1965)
  Zur Geschichte der griechischen Mathematik
  Darmstadt 1965

Bonitz, Hermann (1870)
  Index Aristotelicus
  Darmstadt 1955, reprint der Ausgabe von 1870

Diels, H. / Schubart, W. (Hrsg., 1905)
  Anonymer Kommentar zu Platons Theaetet
  Berlin 1905

Fritz, Kurt von (1971)
  Grundprobleme der Geschichte der antiken Wissenschaft.
  Der Ursprung der Wissenschaft bei den Griechen (p.1-334)
  Die APXAI in der griechischen Mathematik (p.335-429)
  Die ἐπαγωγή bei Aristoteles (p.623-76)
  Berlin / New York 1971

Georgi, Peter (1989)
  Form, Zahl und Kontinuum in der frühgriechischen Mathematik und
  Philosophie. Dissertation
  Konstanz 1989

Georgi, Peter (2023)
  Zu Platons Theaitetos (erster Teil, die math. Dynameis) und zu Platons Ontologie
  Norderstedt 2023

Hardy, Godrey H. / Wright, Edward M. (1954)
An Introduction to the Theory of Numbers
Oxford 1956, reprint der 3. Auflage von 1954

Heath, Thomas L. (Übers., 1925)
The Thirteen Books of Euclid's Elements. Translated from the Text of Heiberg with
Introduction and Commentary. Vol. 1-3
New York 1956, reprint der 2. Auflage von 1925

Heller, Siegfried (1956)
Ein Beitrag zur Deutung der Theodoros-Stelle in Platons Dialog „Theatet"
In: Centaurus 1956, vol.5 no.1 p.1-58

Knorr, Wilbur Richard (1975)
The Evolution of the Euclidean Elements
Dordrecht 1975

Reidemeister, Kurt (1940)
Die Arithmetik der Griechen
Leipzig / Berlin 1940

Schafmeister, Otto / Wiebe, Hartmut (1978)
Grundzüge der Algebra
Stuttgart 1978

Szabó, Árpád (1969)
Anfänge der griechischen Mathematik
München / Wien 1969

Thaer, Clemens (Hrsg., Übers., 1933-7)
Euklid. Die Elemente. Buch I – XIII
Darmstadt 1980, reprint der 7., unveränderten Auflage von 1933-7

Waerden, Bartel L. van der (1949)
Die Arithmetik der Pythagoreer. Teil II
reprint in: Becker 1965 p.230-54

Waerden, Bartel L. van der (1966)
Erwachende Wissenschaft
Basel / Stuttgart 1966, 2. Auflage

Waschkies, Hans-Joachim (1971)
  Eine neue Hypothese zur Entdeckung der inkommensurablen Größen durch die
  Griechen
  In: Archive für History of Exact Sciences, vol.7 nr.5 1971 p.325-53
  Berlin / Heidelberg / New York 1971